essentials

essentials liefern aktuelles Wissen in konzentrierter Form. Die Essenz dessen, worauf es als „State-of-the-Art" in der gegenwärtigen Fachdiskussion oder in der Praxis ankommt. *essentials* informieren schnell, unkompliziert und verständlich

- als Einführung in ein aktuelles Thema aus Ihrem Fachgebiet
- als Einstieg in ein für Sie noch unbekanntes Themenfeld
- als Einblick, um zum Thema mitreden zu können

Die Bücher in elektronischer und gedruckter Form bringen das Expertenwissen von Springer-Fachautoren kompakt zur Darstellung. Sie sind besonders für die Nutzung als eBook auf Tablet-PCs, eBook-Readern und Smartphones geeignet. *essentials:* Wissensbausteine aus den Wirtschafts-, Sozial- und Geisteswissenschaften, aus Technik und Naturwissenschaften sowie aus Medizin, Psychologie und Gesundheitsberufen. Von renommierten Autoren aller Springer-Verlagsmarken.

Weitere Bände in der Reihe http://www.springer.com/series/13088

Fabian Ruhl · Christoph Motzko
Peter Lutz

Baulogistikplanung

Schnelleinstieg für Bauherren, Architekten und Fachplaner

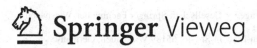

Fabian Ruhl
Darmstadt, Deutschland

Peter Lutz
Darmstadt, Deutschland

Christoph Motzko
Darmstadt, Deutschland

ISSN 2197-6708   ISSN 2197-6716   (electronic)
essentials
ISBN 978-3-658-23231-3   ISBN 978-3-658-23232-0   (eBook)
https://doi.org/10.1007/978-3-658-23232-0

Die Deutsche Nationalbibliothek verzeichnet diese Publikation in der Deutschen Nationalbibliografie; detaillierte bibliografische Daten sind im Internet über http://dnb.d-nb.de abrufbar.

Springer Vieweg
© Springer Fachmedien Wiesbaden GmbH, ein Teil von Springer Nature 2018

Springer Vieweg ist ein Imprint der eingetragenen Gesellschaft Springer Fachmedien Wiesbaden GmbH und ist ein Teil von Springer Nature
Die Anschrift der Gesellschaft ist: Abraham-Lincoln-Str. 46, 65189 Wiesbaden, Germany

Was Sie in diesem *essential* finden können

- Definition der Baulogistik als Fachplanungsleistung für eine vollständige Bauprojektorganisation
- Empfehlung für ein phasenbezogenes Leistungsbild der Baulogistik für den Gesamtplanungsprozess
- Aufgabenzuordnung der Bauprojektbeteiligten, insbesondere der Bauherren, der Objektplaner, der Architektinnen und Architekten sowie der Fachplaner in Bezug auf die Baulogistik
- Beschreibung eines vierstufigen Baulogistikprozessmodells als Muster für baulogistisch komplexe Bauprojekte über die gesamte Bauprojektdauer
- Praktisches Anwendungsbeispiel für die Baulogistik eines innerstädtischen Bauprojektes

Inhaltsverzeichnis

Einleitung

Bauprojekte sind mit den Transfers von großen Mengen an Daten, Informationen, Baustoffen, Betriebsmitteln, Finanzmitteln und anderen projektnotwendigen Größen verbunden. Erfolgreiches Bauen bedingt, dass diese Transfers transparent, effektiv, effizient und fristgerecht vollzogen werden. Ein wesentlicher Garant dafür ist die Baulogistik.

Zum erfolgreichen und wirtschaftlichen Bauen gehören vertragsgerechte Qualitäten und Quantitäten, der Einsatz qualifizierter Mitarbeiterinnen und Mitarbeiter, die Anwendung adäquater Technologien, Dienstleistungen in Verbindung mit einer sachgerechten Kommunikation und vor allem zielorientiertes Prozessdenken. Diese Erfolgsfaktoren wurden von den Bauschaffenden verinnerlicht und befinden sich in der Phase einer intensiven Umsetzung und Weiterentwicklung, auch und insbesondere was den Bereich des Prozessdenkens im Zusammenhang mit der Lean Construction betrifft (Motzko et al. 2013).

Die Baulogistik wurde seit geraumer Zeit als maßgeblicher Erfolgsfaktor identifiziert, jedoch nicht in der Intensität betrieben, wie es ihre Vielschichtigkeit erfordern würde. Im Kontext der Unikatfertigung im Bauwesen besteht die Anforderung, die projektnotwendigen Größentransfers entlang der Prozesskette Bauwerksentwurf – Bauwerksplanung – Bauproduktionsplanung – Bauausführung – Bauwerksbetrieb strukturiert und nach Möglichkeit standardisiert zu gestalten. Damit ist offensichtlich, dass die Baulogistik eine zentrale Aufgabe in der Bauprozessrealisierung hat und gleichzeitig eine Querschnittsfunktion in der Organisation der Planung und Ausführung von Bauprojekten erfüllt.

Die Aktivierung der Baulogistik in Bauprojektorganisationen wird üblicherweise zu einem Zeitpunkt vorgenommen, an dem der Ablauf und die Strukturen des Bauprojektes so weit fortgeschritten sind, dass deren Rationalisierungspotenziale nicht mehr erschlossen werden können. Daher

© Springer Fachmedien Wiesbaden GmbH, ein Teil von Springer Nature 2018
F. Ruhl et al., *Baulogistikplanung*, essentials,
https://doi.org/10.1007/978-3-658-23232-0_1

besteht die Kernbotschaft des vorliegenden *essentials* in dem Postulat nach der Einbindung der Baulogistik in die Phase der initialen Definition der Gestaltung und der Konstruktion eines Bauobjektes, um die Belange des physischen Projektraums und seiner Umgebung einer adäquaten Fachplanung zu unterziehen und gleichzeitig den Fokus der Aktivitäten auf den Produktionsstandort, die Baustelle, zu richten. Im Grundsatz geht es um die klare Definition und Zuordnung sowie um die Transparenz der Baulogistikleistungen im Sinne einer Ausgewogenheit der Interessen der Bauprojektbeteiligten. Nach diesseitiger Auffassung führt das zu einer höheren Effizienz und Effektivität der Prozesse sowie zur Herausbildung eindeutiger Schnittstellen mit gleichzeitiger Reduktion der Konfliktpotenziale sowohl innerhalb der Bauprojektorganisation als auch mit den Austauschgruppen der Bauprojektperipherie. Die vorgestellte Methodik zur Umsetzung dieses Postulats wird in den nachfolgenden Kapiteln mithilfe eines in der Baupraxis anwendbaren vierstufigen Baulogistikprozessmodells (Ruhl 2016) statuiert. Die Umsetzung wird mit einem Praxisbeispiel belegt.

Inhalt und Aufbau des *essentials* 2

Gegenstand dieses *essentials* ist die Baulogistik aus der Sicht einer Bauprojekt-organisation. Die entsprechenden Aufgaben der Bauprojektbeteiligten werden herausgearbeitet und in die Struktur eines vierstufigen Baulogistikprozessmodells überführt, welches in den frühen Planungsphasen ansetzt und über die gesamte Bauprojektdauer aktiv ist. Der Schwerpunkt liegt auf den organisatorischen Prozessen. Ein Leistungsbild (Grundleistungen) für die Baulogistikplanung wird vorgeschlagen.

Das Kap. 3 ist den grundlegenden Definitionen gewidmet. Die Leistungen der Baulogistik werden im Sinne der Transparenz des Gesamtplanungsprozesses phasenbezogen gegliedert, dokumentiert und als Teilprozesse beschrieben. In Kap. 4 wird das Baulogistikprozessmodel entwickelt und der Zusammen-hang der Fachplanung Baulogistik zum Regelablauf der Objektplanung sowie zu den Stufen der Projektsteuerung erläutert. Bereits in der Initiierungsphase eines Bauprojektes wird ein Basisdokument, der Baulogistikbericht, angefertigt, in welchem die Anfangsparameter sowie die Ausgangslage des Bauprojektes beurteilt werden. Die Anfertigung dieses baulogistischen Basisdokuments ist von Relevanz, denn die Unikatfertigung im Bauwesen und die projektspezi-fische Zusammensetzung der Bauprojektorganisationen generiert die Notwendig-keit, die individuellen Randbedingungen der jeweiligen Bauprojektsituation zu Beginn der Bildung von Baukonzepten (zum Beispiel im Rahmen der Bedarfs-planung) zu erfassen und adäquat zu berücksichtigen. Der Baulogistikbericht wird in Kap. 5 erläutert. Das mithilfe des Baulogistikberichts dokumentierte Ergebnis der Initiierungsphase schafft eine Grundlage für die nachfolgende Phase der Baulogistikplanung, welche iterativ im Rahmen der Objekt- und Fachplanung ablaufen soll und deren Ergebnis durch das Baulogistikkonzept dokumentiert wird. Die darin enthaltenen Daten und Informationen bilden die

© Springer Fachmedien Wiesbaden GmbH, ein Teil von Springer Nature 2018   3
F. Ruhl et al., *Baulogistikplanung*, essentials,
https://doi.org/10.1007/978-3-658-23232-0_2

Übergabeparameter für die nachgelagerte Phase der Baulogistikorganisation und können besonders in Projekträumen mit komplexen Verkehrsströmen (zum Beispiel innerstädtische Baumaßnahmen) respektive mit komplizierten Ver- und Entsorgungssituationen (zum Beispiel Bauen im Bestand und Neubauten auf dem Gelände großer Industrie- und Versorgungskomplexe) Bestandteile der Genehmigungsplanung werden. Das Baulogistikkonzept wird in Kap. 6 erläutert. In der Phase der Baulogistikorganisation wird projektindividuell der Leistungsumfang der Baulogistik bestimmt und die Entscheidungen darüber getroffen, welche Unternehmenseinheit respektive ob externe Baulogistikdienstleister diese Leistungen erbringen sollen. Für die Ausschreibung und die Vergabe der Baulogistikleistungen, und damit auch für die Kalkulation und Preisbildung der Bieterseite, wird das Baulogistikhandbuch aufgestellt, welches das Regelwerk für alle Bauprojektbeteiligten bezüglich der baulogistischen Zusammenarbeit statuiert. Das Baulogistikhandbuch wird in Kap. 7 erläutert. Die abschließende Phase der Baulogistikrealisierung und des Baulogistikcontrollings integriert die Ergebnisse der vorgelagerten Phasen der Baulogistikinitiierung, der Baulogistikplanung und der Baulogistikorganisation mit der realen Bauleistung auf der Baustelle. Damit die Prozesse der Baulogistik in der Realisierungsphase stabil ablaufen, sind eine Zuordnung der baulogistischen Verantwortlichkeiten sowie ein adäquates Controlling durchzuführen. Darauf wird in Kap. 8 eingegangen. Ein Fallbeispiel aus der Praxis wird in Kap. 9 vorgestellt und bildet den Abschluss dieses *essentials*.

Definitionen 3

3.1 Logistik

Die Logistik kann als Denkhaltung zur Durchsetzung der Flussorientierung aufgefasst werden (Fieten 1999). Aus einer Vielzahl von Definitionen des Logistikbegriffs wurden drei ausgewählt:

▶ • Das Wort **Logistik** ist zum Sammelbegriff für den Transfer von Gütern und Waren in allen Bereichen der Industrie und des Handels geworden. Die Durchführung der Logistikprozesse setzt neben Investitionen in technische Einrichtungen des Material- und Informationsflusses stets geeignete organisatorische und planerische Maßnahmen voraus (Furmans 2008).
   • Zur **Logistik** gehören alle Tätigkeiten, durch die die raum-zeitliche Gütertransformation und die damit zusammenhängenden Transformationen hinsichtlich der Gütermengen und -sorten, der Güterhandhabungseigenschaften sowie der logistischen Determiniertheit der Güter geplant, gesteuert, realisiert oder kontrolliert werden. Durch das Zusammenwirken dieser Tätigkeiten soll ein Güterfluss in Gang gesetzt werden, der einen Lieferpunkt mit einem Empfangspunkt möglichst effizient verbindet (Pfohl 2010).
   • Zur **Logistik** gehören alle Tätigkeiten, durch die Bewegungs- und Speichervorgänge in einem Netzwerk gestaltet, gesteuert und kontrolliert werden. Durch das Zusammenspiel soll ein Strom von Objekten durch das Netzwerk in Gang gesetzt werden, (…, sodass) Raum und Zeit möglichst effektiv überbrückt werden. Ziel der Logistik ist es, den Kunden mit den richtigen Objekten im richtigen Zustand zur richtigen Zeit und am richtigen Ort zu versorgen (Krauß 2005).

© Springer Fachmedien Wiesbaden GmbH, ein Teil von Springer Nature 2018
F. Ruhl et al., *Baulogistikplanung,* essentials,
https://doi.org/10.1007/978-3-658-23232-0_3

Aus diesen Definitionen kann abgeleitet werden, dass die Logistik mindestens

- die Bildung von Strukturen und Prozessen (Logistiksysteme) zum räumlichen und zeitlichen Transfer von Objekten jeder Art,
- die Planung, Realisierung, Steuerung und Kontrolle der Logistiksysteme (Logistikmanagement, Schnittstellen und Wechselwirkungen) und
- die Kundenorientierung, welche beispielsweise im Bereich der Basisfaktoren der Lean Construction das Flussprinzip als ein Element der Baulogistik etabliert,

umfasst.

Der im diskutierten Zusammenhang ebenfalls verwendete Begriff des Supply Chain Managements wird in der vorliegenden Publikation synonym mit dem europäisch weit gefassten Verständnis des Inhalts des Begriffs der Logistik gesehen (Goldenberg 2005).

Zu beachten ist, dass in Anlehnung an die Digitalisierungskonzepte der Begriff der Logistik 4.0 aufgekommen ist, welcher die Interaktion mit der Industrie 4.0 einerseits sowie die Vernetzung von Prozessen, Objekten, Lieferkettenpartnern und Kunden durch Anwendung von Informations- und Kommunikationstechnologien mit dezentralen Entscheidungsstrukturen anderseits beschreibt (Oeser 2017).

3.2   Baulogistik

Aus den früheren Konzepten der Baulogistik, welche ihre Aufgaben in der recht-zeitigen Bereitstellung von Personal und Betriebsmitteln, in der fristgerechten und vollständigen Materialversorgung sowie in der Aufrechterhaltung der Betriebsbereitschaft von Maschinen und Geräten auf der Baustelle definiert haben (Bauer 2007; Boenert und Blömeke 2003), wurden durch Impulse aus der Lean Construction zur Reduktion der Verschwendung neue Konzepte zum Baulogistik-management entwickelt (Girmscheid und Etter 2012a). Mit der Zielsetzung, Effizienzpotenziale auf der Baustelle weiter zu erschließen, wurden operative Konzepte eines zentralen Logistikmanagements erarbeitet, welche eine Analyse der Ressourcen- und Informationsströme als Supply Chain zur Grundlage haben (Girmscheid und Etter 2012b). Dabei ist festzustellen, dass diese Konzepte ihren Fokus auf die Prozesse des Bauunternehmens richten und lediglich Ansätze der Einbindung der Planer in die logistischen Überlegungen bezüglich eines Bau-stelleninfrastrukturkonzepts sowie eines Umweltkonzepts beinhalten. Ähnliche

Überlegungen sind bei der Entwicklung eines Planungsmodells zu projekt- und fertigungsspezifischen Baulogistikprozessen, welches auf einer Integration des Ablaufplans der Fertigungsprozesse, der Flächenbelegungspläne, der Pläne über den Bedarf und die Belegung von Materialflussmitteln respektive Anlieferstellen sowie auf statistischen Auswertungen der für die Baulogistik relevanten Projektdaten aufbaut, festzustellen (Berner 2011).

Mit der Publikation des für die Baubranche relevanten Hefts Nr. 25 *Leistungen für Baulogistik* durch den Ausschuss der Verbände und Kammern der Ingenieure und Architekten für die Honorarordnung e. V. (AHO) wurden die Notwendigkeit der Berücksichtigung der Baulogistik bereits in den Planungsprozessen herausgearbeitet und ein erstes Leistungsbild sowie die dazugehörige Honorierung für Baulogistikleistungen entwickelt (AHO 2011).

Aufbauend auf der vorgenannten Definition der Baulogik (AHO 2011):

Baulogik ist die Entwicklung vernünftiger und folgerichtiger Schlüsse aufgrund vorgegebener Randbedingungen und technisch zwingender Abhängigkeiten für die Erstellung von Bauvorhaben.

wird der Begriff der Baulogistik definiert:

Baulogistik Umsetzen der Baulogik unter wirtschaftlichen Gesichtspunkten hinsichtlich Zeit und Mengen bei vorhandenen Flächenressourcen.

Gleichzeitig werden der Baulogistiker als der für den Auftraggeber tätige Fachplaner sowie der Baustellenlogistiker als der für die ausführenden Unternehmen tätige Arbeitsvorbereiter, als Bauprojektbeteiligte statuiert. Charakteristisch für das Heft 25 ist insgesamt das auf Generalplaner/Totalunternehmer/ Generalunternehmer bezogene Profil der Leistungen.

Bedingt durch die notwendige Begriffserweiterung definieren die Verfasser den Begriff Baulogistik wie folgt:

▶ **Baulogistik** ist, ausgehend von der Flussanalyse und -prognose der erforderlichen Transfers für den Produktionsprozess, die Initiierung, Planung, Integration sowie Ausführung der erforderlichen Leistungen für die Ver- und Entsorgung der Baustelle und gleichzeitig der Rahmen der Produktionsbedingungen (Baustellenlogistik). Dabei berücksichtigt die Baulogistik unter der Prämisse der Wertschöpfung in der Regel neben den Hauptattributen Transfer, Transport und Flächen weitere Attribute wie Flächen- und Containermanagement, Abfallbewirtschaftung, Medienversorgung, Sicherheit und Schutzleistungen und Baugeräte.

Die übergeordnete Informationslogistik durch die Baustelleninformation und zentralisierte Organisation vervollständigt diesen Rahmen. Ferner kann es zur Erfassung weiterer projektindividueller Produktionsbedingungen im Rahmen der Baulogistik als Supply Chain kommen.

Abzugrenzen sind die Begriffe Planung, Beratung und Gutachten (Motzko et al. 2012).

Baulogistikprozessmodell

4

4.1 Prozesskonzept der Baulogistik

Die Baulogistik ist nach dem Verständnis der Verfasser ein wertschöpfungs-orientiertes und auf den funktionalen Bausteinen der Beschaffungslogistik, der Produktionslogistik, der Entsorgungslogistik und der Informationslogistik basierendes Prozesskonzept des transparenten, effektiven und effizienten Transfers von projekt- und prozessnotwendigen Größen sowie der damit verbundenen Bereitstellung von Grunddaten für die genehmigungskonforme Bemessung von Planungs- und Produktionssystemen in Bauprojekten. Sie basiert auf einer Flussanalyse und -prognose der Transferprozesse für die erforderlichen Prozessgrößen und bildet gleichzeitig den Rahmen für die Gestaltung der administrativen sowie der sozio-technischen Arbeitssysteme des Bauprojektes. Sie umfasst die individuell für das jeweilige Bauprojekt zu definierenden Baulogistikattribute. Das so definierte Prozesskonzept der Baulogistik ist in Abb. 4.1 über den Gesamtprojektablauf dargestellt.

Die Baulogistik als Fachplanungsleistung durchläuft dabei die Stufen der Baulogistikinitiierung, der Baulogistikplanung, der Baulogistikorganisation und der Baulogistikrealisierung. Sie ist über den gesamten Projektzeitraum aktiv. Die Ergebnisse dieser Stufen sind als Meilensteine in Form des Baulogistikberichts (Abschluss der Stufe Baulogistikinitiierung), Baulogistikkonzept (Abschluss der Stufe Baulogistikplanung), Baulogistikhandbuch (Abschluss der Stufe Baulogistikorganisation) und Baulogistikcontrolling (als Teilabschlüsse der Stufe Baulogistikrealisierung) dokumentiert.

Das Prozesskonzept der Baulogistik kann dabei je nach Erfordernis nochmals in ein Grobkonzept (z. B. zur Budgetierung oder zum Variantenvergleich, Leistungsphase 2 HOAI) und in ein Ausführungskonzept (z. B. als Beistellung

Abb. 4.1 Prozesskonzept der Baulogistik. (Nach Ruhl 2016)

zur Baugenehmigung, Leistungsphase 4 HOAI) unterteilt werden. Die Fachplanung Baulogistik gliedert sich, wie andere Fachplanungen bzw. Beratungsleistungen, in die zu koordinierenden und zu integrierenden Leistungen anderer an der Planung Beteiligter ein.

Die Fachplanung Baulogistik soll neben der Transparenz, der Effizienz und der Effektivität der internen Prozesse ebenso den externen Relationen eines Bauprojektes dienen. Diese umfassen unter anderem die Gewährleistung der Konformität mit den geltenden Rechtsnormen, die Übereinstimmung mit den übergeordneten Projektzielen, eine größtmögliche Harmonisierung der individuellen Projektziele der direkten Bauprojektbeteiligten sowie die Würdigung der Vereinbarungen mit indirekt Projektbeteiligten sowie mit Anliegern.

4.2 Struktur und Elemente des Baulogistikprozessmodells

Nachfolgend wird ein Baulogistikprozessmodell (vgl. Abb. 4.2) dargelegt, welches als Ordnungsstruktur die Baulogistik in den Gesamtablauf eines Bauprojektes eingliedert. Das Modell kann unabhängig davon eingesetzt werden, welche Unternehmereinsatzformen auf der Planungs- und auf der Ausführungsseite durch die Bauherren festgelegt werden. Gleichwohl ist zu vermerken, dass die Unternehmereinsatzform für die Handhabung der Baulogistik von Bedeutung ist (vgl. Kap. 8). Relevant ist eine präzise Beschreibung der Leistungsinhalte sowie eine sach- und fachgerechte Definition und Handhabung der Schnittstellen in den jeweiligen Projektphasen. Bei dem dargelegten Baulogistikprozessmodell handelt es sich um ein Muster, welches den individuellen Anforderungen eines jeweiligen Bauprojektes anzupassen ist.

LEISTUNG		BAUHERR Auftraggeber / Projektsteuerer	PLANER Objektplaner/ Baulogistikplaner	AUFTRAGNEHMER Unternehmer / Baulogistiker
	Bedarfsplanung	Entwickeln von baulogistischen Zielen		
LPH 1	Grundlagenermittlung	Entscheidung zur Beauftragung einer Baulogistikplanung	BAULOGISTIKBERICHT	
LPH 2	Vorplanung	Überprüfung der Einflussgrößen	Baulogistikplanung der Vorplanung	
LPH 3	Entwurfsplanung	Aktualisierung der Einflussgrößen	Baulogistikplanung des Entwurfs	
LPH 4	Genehmigungsplanung	Erwirken der Baugenehmigung	BAULOGISTIKKONZEPT	
LPH 5	Ausführungsplanung	Aktualisierung der Einflussgrößen	Entwicklung Baulogistikhandbuch	
LPH 6	Vorbereiten der Vergabe	Prüfung der Einflussgrößen	BAULOGISTIKHANDBUCH	
LPH 7	Mitwirken bei der Vergabe	Entscheidung zur Beauftragung	Prüfung und Wertung der Angebote	Kalkulation / Arbeitsvorbereitung
LPH 8	Objektüberwachung		BAULOGISTIKCONTROLLING Überwachung / Abrechnung	Ver- / Entsorgungslogistik Baustellenlogistik Informationslogistik
LPH 9	Dokumentation		Bericht	

Abb. 4.2   Baulogistikprozessmodell. (Ruhl 2016)

Die in Abb. 4.2 dargestellte Gliederung der Aufgaben soll als Prozessstruktur für den Bauherren (repräsentiert durch Auftraggeber und die Projektsteuerung), den Fachplaner (Objektplaner, Baulogistikplaner) und den Auftragnehmer (Bauunternehmer, Baulogistikdienstleister) aufgefasst werden. Ferner sollen die Schnittstellen und die Einordnung nach den Leistungsphasen der HOAI mit dem Ziel einer phasenbezogenen Verortung visualisiert werden. Die Prozesse sollen projektindividuell miteinander vernetzt werden und sollen aufeinander aufbauen.

Den Initialprozess bildet das bauherrenseitige *Entwickeln von baulogistischen Zielen*. Sollte seitens der Bauherren respektive deren Gehilfen das Bewusstsein für die Notwendigkeit der Berücksichtigung von baulogistischen Leistungen nicht vorhanden sein, so ist es Aufgabe der Planer, in der Projektvorbereitungsphase über mögliche Auswirkungen zu informieren. Es ist erforderlich, das Bauprojekt hinsichtlich der baulogistischen Komplexität bereits im frühen Planungsstadium einzustufen.

Sind die baulogistischen Einflussgrößen sowie die baulogistischen Ziele in den Grundsätzen formuliert, folgt die Beratung des Leistungsumfangs sowie die Bestimmung der notwendigen Qualifikation durch den Objektplaner respektive durch einen Baulogistikplaner. Das Ergebnis wird im *Baulogistikbericht* dokumentiert. Der Baulogistikbericht schafft für die Bauherren eine Entscheidungsgrundlage zur Ausrichtung und Beauftragung der Baulogistikplanung und reicht von der bewussten Entscheidung, keine Baulogistikplanung zu beauftragen, bis hin zur Empfehlung, eine solche Fachplanung einzurichten.

In einer nachfolgenden iterativen und phasenübergreifenden Prozesskette werden baulogistische Lösungen erarbeitet, welche im *Baulogistikkonzept* dokumentiert sind und unter Umständen ein Element aus der Genehmigungsplanung bilden können. Als Ergebnis des Baulogistikkonzepts werden die baulogistischen Ausführungsregeln für die Baustelle im *Baulogistikhandbuch* projektspezifisch festgelegt. Für die ausführenden Unternehmen ist die Kenntnis über die logistischen Randbedingungen des physischen Projektraums für die Kalkulation von Preisbildung sowie für die nachfolgende Arbeitsvorbereitung von Relevanz. Damit keine Informationsasymmetrien bezüglich der zu erbringenden baulogistischen Leistungen entstehen, wird das Baulogistikhandbuch in das Konvolut der Ausschreibungsunterlagen aufgenommen. Auf die *Prüfung und Wertung der Angebote* folgt die *Entscheidung zur Beauftragung* durch die Bauherren.

Die Umsetzung der Baulogistik eines Auftragnehmers wird durch ein Controlling des Fachplaners auf der Bauherrenseite begleitet.

Baulogistikbericht 5

5.1 Einführung in den Baulogistikbericht

Der Baulogistikbericht wurde in Kap. 4 definiert und zeitlich im Rahmen der Baulogistikinitiierung verortet. Die baulogistischen Einflussgrößen sowie die Baulogistikziele werden darin in den Grundsätzen unter Würdigung des Leistungsumfangs einschließlich der Bestimmung der notwendigen Qualifikationen formuliert. Ferner werden die Baulogistikattribute bezüglich ihrer Komplexität ausgewertet. Der Baulogistikbericht schafft damit für die Bauherren eine Entscheidungsgrundlage zur Ausrichtung und Beauftragung der Baulogistikplanung. Für die Bauherrenseite ist es erforderlich, zunächst eine Entscheidungsmethodik hinsichtlich der Notwendigkeit einer Baulogistikplanung auf Basis der Komplexitätsanalyse der verschiedenen Baulogistikattribute aufzubereiten. Eine solche Methodik wird in Abschn. 5.2 vorgestellt, die Baulogistikattribute in Abschn. 5.3 definiert, und der Inhalt des Baulogistikberichts wird in Abschn. 5.4 dargelegt. Dabei wird ein Leistungsbild (Grundleistungen) entwickelt.

5.2 Entscheidungsnetz der Baulogistik

Es wird empfohlen, die Baulogistikplanung in einem strukturierten Entscheidungsprozess zu definieren. Die Entscheidung erfasst die baulogistischen Einflussgrößen der Bauherren respektive der Projektsteuerung und kann von der Objektplanung im Rahmen der Aufgaben in der Leistungsphase 1 HOAI oder von einer unabhängigen Fachplanung umgesetzt werden. Es gilt die Frage zu klären, welcher technische und organisatorische Komplexitätsgrad liegt beim individuell betrachteten Bauprojekt in Bezug auf die Baulogistik vor. Hierzu wird die Anwendung des Netzdiagramms empfohlen, welches sich in der Praxis bewährt hat.

© Springer Fachmedien Wiesbaden GmbH, ein Teil von Springer Nature 2018
F. Ruhl et al., *Baulogistikplanung*, essentials,
https://doi.org/10.1007/978-3-658-23232-0_5

Durch die Bestimmung von Baulogistikattributen und eine Einstufung dieser auf einer definierten Skala kann der Grad der baulogistischen Komplexität des Bauprojektes im Entscheidungsnetz abgelesen werden. In Abb. 5.1 ist das Muster eines solchen Entscheidungsnetzes dargestellt. Im Ergebnis einer Inhaltsanalyse von Baulogistikhandbüchern aus der Baupraxis wurden neun relevante Baulogistikattribute identifiziert:

- Baulogistikattribut 1: Transport
- Baulogistikattribut 2: Flächenmanagement
- Baulogistikattribut 3: Containermanagement
- Baulogistikattribut 4: Abfallbewirtschaftung
- Baulogistikattribut 5: Organisation und Information
- Baulogistikattribut 6: Medienversorgung

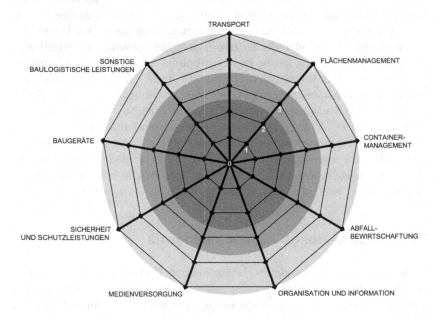

Abb. 5.1 Entscheidungsnetz der Baulogistikkomplexität. (Ruhl 2016)

- Baulogistikattribut 7: Sicherheit und Schutzleistungen
- Baulogistikattribut 8: Baugeräte
- Baulogistikattribut 9: Sonstige baulogistische Leistungen.

Mit einer Bewertungsskala von 1 bis 5 können die einzelnen Baulogistikattribute bezüglich ihrer Komplexität im gegebenen Bauprojekt individuell eingestuft und in das Entscheidungsnetz eingetragen werden:

- zu erwartende Komplexität dieser Kategorie = keine (entspricht 0 Punkten)
- zu erwartende Komplexität dieser Kategorie = sehr gering (entspricht 1 Punkt)
- zu erwartende Komplexität dieser Kategorie = gering (entspricht 2 Punkten)
- zu erwartende Komplexität dieser Kategorie = durchschnittlich (entspricht 3 Punkten)
- zu erwartende Komplexität dieser Kategorie = hoch (entspricht 4 Punkten)
- zu erwartende Komplexität dieser Kategorie = sehr hoch (entspricht 5 Punkten).

Die dunkelgraue Fläche repräsentiert niedrige Komplexitätsgrade, die hellgraue Fläche repräsentiert hohe Komplexitätsgrade. Nachfolgend werden die Attribute des Entscheidungsnetzes definiert. Die Baulogistikattribute sind bauprojekt-individuell zu bestimmen.

5.3   Definition der Baulogistikattribute des Entscheidungsnetzes

5.3.1   Baulogistikattribut 1: Transport

Das Baulogistikattribut *Transport* beschreibt den Wert der Anbindungen an das bestehende Straßennetz, etwaige Verkehrsbeschränkungen, die Verkehrssicherung und die Transportwege auf der Baustelle selbst. Darüber hinaus sind die aus dem Transport resultierenden Emissionen zu erfassen. Sofern Änderungen am Bestand oder Sondergenehmigungen als erforderlich angesehen werden, wird empfohlen, die Komplexität dieses Merkmals mit dem Wert *hoch* anzusetzen.

5.3.2   Baulogistikattribut 2: Flächenmanagement

Die Beurteilung der Komplexität des Baulogistikattributs *Flächenmanagement* kann im ersten Schritt durch die Bewertung der innerhalb des Baustellenraums festgestellten Standardmerkmale erfolgen. Hierzu zählen die Nutzbarkeit des Areals selbst respektive die Möglichkeiten zur Herrichtung der Baustelleneinrichtungsfläche (Flächenbefestigung, Medienübergabepunkte, Entwässerung), deren Geometrie sowie Auf- und Abbaurestriktionen von Geräten (Krane, Gerüste). Besonders zu beachten sind die nutzbaren Flächen für den Katastrophenschutz wie Zufahrten und Bewegungsflächen für die Feuerwehr. Ferner sind etwaige Sondermerkmale und das in der Baupraxis unterschätzte Attribut des erforderlichen Platzbedarfs durch den Parkverkehr der auf der Baustelle tätigen Arbeitskräfte zu beachten.

5.3.3   Baulogistikattribut 3: Containermanagement

Unter dem Baulogistikattribut *Containermanagement* ist die Bedarfsermittlung, die Vorhaltung sowie die Belegungssteuerung der Büro- und Sozialräume einer Baustelle zu verstehen. Bei der Planung und beim Betrieb dieser Baustelleneinrichtungen sind die gesetzlichen Vorschriften wie das Arbeitsschutzgesetz, die Baustellenverordnung sowie die Arbeitsstättenverordnung (Technische Regeln für Arbeitsstätten ASR) einschließlich der besonderen Regelungen der DGUV (so abweichende/ergänzende Anforderungen für Baustellen für die ASR A4.1 Sanitärräume) einzuhalten.

5.3.4   Baulogistikattribut 4: Abfallbewirtschaftung

Das Baulogistikattribut *Abfallbewirtschaftung* würdigt die gesetzlichen Bestimmungen zur Kreislaufwirtschaft. Ein Bauprojekt hat diese im Sinne des § 3 (19) KrWG (Gesetz zur Förderung der Kreislaufwirtschaft und Sicherung der umweltverträglichen Bewirtschaftung von Abfällen Kreislaufwirtschaftsgesetz) vom 24.02.2012/20.07.2017 – Vermeidung und Verwertung von Abfällen) sowie die Ziele der Abfallbewirtschaftung zu befolgen.

Den Grundanforderungen folgend sollten abfallarme Konstruktionen konzipiert sowie die Verwertung begünstigender Bauverfahren zum Einsatz gebracht werden. Insofern sind die Produktionsprozesse auf der Baustelle sowie der zu erwartende Bauabfall und seine Handhabung (Transporte, Lagerung, Verbringung) auf dem Baufeld sowie außerhalb der Baustelle in den frühen Projektphasen einer Planung zu unterziehen. Die Methodologie des Transports muss gemäß den Anforderungen des Kreislaufwirtschaftsgesetzes sicher, praktisch und kostengünstig erfolgen. Für die Abfallsammlung (im Sinne des § 3 (15) des

Kreislaufwirtschaftsgesetzes: „Sammlung … ist das Einsammeln von Abfällen, einschließlich deren vorläufiger Sortierung und vorläufiger Lagerung zum Zweck der Beförderung zu einer Abfallbehandlungsanlage.") ist zu prüfen, ob es zweckmäßig ist, eine zentrale Abfallsammelstelle oder einen Werkstoffhof einzurichten.

5.3.5   Baulogistikattribut 5: Organisation und Information

Unter dem Baulogistikattribut *Organisation und Information* ist die organisatorische Lösung und Informationsdistribution bezüglich der Regelungen zu den Baustellenbetriebszeiten, der Information und Kommunikation (Baulogistikhotline, Sprechfunk und andere), der Kompetenzen, der Einweisungen, der Kontrollen, der Sanktionen und der Haftung sowie der Bereitstellung zu verstehen. Die Komplexität dieses Attributs ist hinsichtlich des vorgesehenen Umfangs der einzelnen Merkmale und andererseits hinsichtlich des Eingriffs in die Freiheitsgrade der ausführenden Unternehmen zu bewerten. Identische Betriebszeiten für alle Projektbeteiligten kämen einer geringen Komplexität gleich.

5.3.6   Baulogistikattribut 6: Medienversorgung

Das Baulogistikattribut *Medienversorgung* umfasst die für den Betrieb einer Baustelle erforderliche Versorgung mit Medien wie elektrischem Strom, Wasser, Druckluft, Treibstoffen, Kommunikationsnetzen. Bezüglich der Komplexitätsbewertung sind unter anderem die zeitvariante Anordnung der Übergabepunkte, der Umfang der Verteilungsleitungen, die Verteiler selbst sowie die Distribution der Anschlusspunkte zu analysieren. Analog zum Attribut Abfallbewirtschaftung wäre zu prüfen, ob es zweckmäßig ist, ein zentrales, unter Umständen von den Bauherren zu betreibendes, Versorgungsnetz einzurichten.

5.3.7   Baulogistikattribut 7: Sicherheit und Schutzleistungen

Im Kontext des Baulogistikattributs *Sicherheit und Schutzleistungen* gilt für Baustellen eine Vielzahl von Gesetzen und Regeln, die im Einzelnen nicht aufgeführt werden können. Besonders ist auf das Arbeitsschutzgesetz (ArbSchutzG), hier insbesondere der § 4 in Verbindung mit Abschn. 5.1 RAB

33, auf die Baustellenverordnung (BaustellV), die Arbeitsstättenverordnung (ArbStättV), die Betriebssicherheitsverordnung (BetrSichV), das Arbeitszeitgesetz (ArbZG), das Bundes-Immissionsschutzgesetz (BImSchG) und das Gesetz über Naturschutz und Landschaftspflege (Bundesnaturschutzgesetz (BNatSchG)) hinzuweisen. Eine besondere Sorgfalt ist bei der Erfüllung der Verkehrssicherungspflicht anzulegen. Die Zielsetzung aus baulogistischer Sicht sollte darin bestehen, erkennbare Gefahren zu vermeiden und die Zugangsmöglichkeiten zur Gefahrenstellen auf der Baustelle zu sichern. Die daraus resultierenden Merkmale sind in der Baubeschreibung zu definieren.

5.3.8   Baulogistikattribut 8: Baugeräte

Für die Komplexitätseinstufung eines Bauprojektes sind mithilfe des Baulogistikattributs Baugeräte die geplanten Bauverfahren und Arbeitsabläufe, die zu erwartenden physikalischen, sozialen und organisatorischen Umwelteinflüsse, die Nutzungsbedingungen sowie die gegenseitigen Abhängigkeiten der maschinellen Ausstattung abzuschätzen. Von besonderer Relevanz sind die Emissionen. Analog zu den Attributen Abfallbewirtschaftung und Medienversorgung ist zu prüfen, ob es zweckmäßig ist, ein zentrales, unter Umständen von den Bauherren zu betreibendes, Gerätemanagementsystem einzurichten.

5.3.9   Baulogistikattribut 9: Sonstige baulogistische Leistungen

Neben den oben aufgeführten Baulogistikattributen 1 bis 8 kann es erforderlich werden, weitere Leistungen im Rahmen einer Baulogistikplanung zu erbringen. Als Beispiele hierfür können die Baureinigung sowie der Winterdienst benannt werden.

5.4   Inhalt des Baulogistikberichts

Der Baulogistikbericht dokumentiert das Ergebnis der Analyse der Komplexität des individuellen Bauprojektes in Bezug auf die Baulogistikattribute und bildet für die Bauherren eine Entscheidungsgrundlage zur Ausrichtung und Beauftragung der Baulogistikplanung.

Der Inhalt des Baulogistikberichts kann wie folgt strukturiert werden:

1. Dokumentation der Basisparameter des Bauprojektes
2. Dokumentation der vonseiten der Bauherren/der Projektsteuerung formulierten baulogistischen Einflussgrößen
3. Dokumentation der bauherrenseitigen Baulogistikzielsetzung
4. Selektion und Definition der Baulogistikattribute
5. Analyse der Baulogistikattribute und Darstellung der baulogistischen Komplexität im Entscheidungsnetz:
    5.1. Beschreibung der Baulogistikattribute
    5.2. Leistungsumfang und Schnittstellen der Baulogistik im Projekt
    5.3. Vorschlag zur Integration und zu den Schnittstellen (Zielsetzung Baulogistik)
    5.4. Implementierung der Baulogistik (Leistungsbild/-beschreibung)
    5.5. Kostenschätzung der Baulogistikleistungen
6. Zusammenfassung und Empfehlung

Der Anstoß für einen Baulogistikbericht ist als Beratung zum gesamten Leistungs- und Untersuchungsumfang gemäß Leistungsphase 1 HOAI beim Objektplaner angesiedelt. Für die Aufstellung kann der Objektplaner selbst verantwortlich sein oder sich eines Fachplaners bedienen. Dementsprechend ist entscheidend, dass die Zielsetzung der Baulogistikplanung im Baulogistikbericht eindeutig formuliert und Grundlage der Leistungsdefinition wird. Für die Bauherren respektive für die Projektsteuerung sollten die Schnittstellen fachlich wie auch hinsichtlich der Zuordnung erkennbar werden.

Bezug nehmend auf den Punkt 5.4 des Baulogistikberichts wird folgendes Leistungsbild (Grundleistungen) empfohlen:

Leistungsbild
Grundlagen (in Anlehnung an Lph 1 HOAI)

- Klärung der Aufgabenstellung hinsichtlich der erforderlichen Baulogistikleistungen für das Projekt mit dem Objektplaner.
- Erfassung der bei der Baulogistikplanung einzubindenden Fachleute und Institutionen.
- Klärung und Visualisierung der baulogistischen Randbedingungen und Schnittstellen.

- Klärung des Umfangs für die Baulogistikplanung in verschiedenen Bauphasen.
- Mitwirkung bei der Konzipierung eines Rahmenterminplans.
- Schriftliche Zusammenfassung der Ergebnisse als Baulogistikbericht mit Baulogistikbasisplan (Ist-Zustand).

Vorplanung (in Anlehnung an Lph 2 HOAI)

- Aufzeigen von baulogistischen Konsequenzen aus den Vorentwurfsvarianten.
- Einschätzung der Verkehrsbelastung.
- Einschätzung des Belegungsmanagements der ausgewiesenen Flächen.
- Ermittlung möglicher Beeinträchtigungen für den Bauablauf.
- Mitwirkung bei der Vorverhandlung über die Genehmigungsfähigkeit.
- Mitwirkung bei der Kostenermittlung des Objektplaners in Bezug auf gesonderte baulogistische Belange.
- Zusammenfassung der Ergebnisse zu einem Baulogistikgrobkonzept mit Baulogistikbasisplan (Soll-Zustand).

Entwurfsplanung (in Anlehnung an Lph 3 HOAI)

- Umsetzung der baulogistischen Vorplanung in Bezug auf die Entwurfsvariante des Objektplaners.
- Fortschreibung des Baulogistikbasisplans und Weiterentwicklung zum projektspezifischen Baustellenordnungsplan.
- Konzipieren, Dimensionieren und Darstellen von Lösungen für die Hauptbauphasen.
- Durcharbeiten der weiteren baulogistischen Flüsse (z. B. Abfallbewirtschaftung, Meldeketten) und Abstimmung sowie Mitwirkung bei der Sicherheits- und Gesundheitsschutzkoordination.
- Vorverhandlung über die Genehmigungsfähigkeit.
- Mitwirkung bei Brandschutzkonzepten.
- Mitwirkung bei der Fortschreibung der Terminplanung.
- Mitwirkung bei der Fortschreibung der Kostenermittlung.
- Zusammenfassung der Ergebnisse im Baulogistikkonzept mit Baustellenordnungsplänen für die Hauptbauphasen.

Genehmigungsplanung (in Anlehnung an Lph 4 HOAI)

- Mitwirkung beim Erstellen von Antragsunterlagen des Objektplaners.
- Mitwirkung bei der Herbeiführung von verkehrsrechtlichen Anordnungen sowie von sonstigen behördlichen Zustimmungen.
- Einarbeitung der Ergebnisse der Brandschutzplanung.
- Fortschreibung des Baulogistikkonzepts und der Planunterlagen anhand der behördlichen Auflagen.

Ausführungsplanung/Baulogistikhandbuch (in Anlehnung an Lph 5 HOAI)

- Durcharbeiten der Ergebnisse aus dem Baulogistikkonzept zu einer ausführungsreifen Lösung und Abstimmung mit dem Objektplaner und Festlegen der wesentlichen baulogistischen Ausführungsphasen.
- Mitwirkung beim Sicherheits- und Gesundheitsschutzplan und bei der Baustellenordnung.
- Mitwirkung beim Fortschreiben des Terminplans in Bezug auf baulogistische Belange.
- Erstellen eines Baulogistikhandbuchs.

Vorbereiten der Vergabe (in Anlehnung an Lph 6 HOAI)

- Mitwirkung bei Abstimmung und Koordination der Schnittstellen des Objektplaners und der Leistungsbeschreibungen der anderen an der Planung fachlich Beteiligten.
- Zusammenstellen der Vergabeunterlagen.
- Bewertung der ausgeschriebenen baulogistischen Leistungen.

Mitwirken bei der Vergabe (in Anlehnung an Lph 7 HOAI)

- Mitwirkung bei der Einholung von Angeboten.
- Prüfung und Wertung der Angebote.
- Führen von Bietergesprächen.
- Erstellen von Vergabevorschlägen, Dokumentation des Vergabeverfahrens für eigens ausgeschriebene Leistungen.

- Vergleich der Ausschreibungsergebnisse mit dem eigens bepreisten Leistungsverzeichnis.
- Zusammenstellen der Vertragsunterlagen.
- Mitwirkung bei der Auftragserteilung.

Baulogistikcontrolling (in Anlehnung an Lph 8 HOAI)

- Mitwirkung am Anlaufgespräch der Baulogistikdienstleister.
- Mitwirkung bei Organisation und Beantragung baulogistisch erforderlicher öffentlich-rechtlicher Abnahmen.
- Überwachung der Ausführung der Baulogistikdienstleistung gemäß Vertrag.
- Mitwirkung beim Aufmaß der Baulogistikrealisierung.
- Rechnungsprüfung, Kostenkontrolle und Kostenfeststellung.
- Dokumentation der vertragsgemäßen Abwicklung der Baulogistikdienstleistung.
- Planmäßige Fortschreibung des Baulogistikhandbuchs und der Baulogistikbeiblätter gemäß den geplanten Bauphasen.

Baulogistikkonzept

6

6.1 Einführung in das Baulogistikkonzept

Bei Bauprojekten mit keiner bis geringer Baulogistikkomplexität wird auf die Anfertigung eines Baulogistikkonzepts verzichtet. Die erforderlichen baulogistischen Aufgaben werden im Rahmen der Objektplanung erfüllt.

Bereits bei durchschnittlicher Baulogistikkomplexität sollte abgewogen werden, ob die Objektplanung die baulogistischen Leistungen übernimmt oder ob eine externe Beratung als Baulogistikplanung aktiviert wird. Das Ergebnis dieser Planungsleistung bildet das Baulogistikkonzept.

War der Baulogistikbericht integraler Bestandteil einer bereits beauftragten Planungsleistung, handelt es sich bei dem Baulogistikkonzept um eine zusätzlich zu vergebende Planungsleistung. In Abhängigkeit davon, ob es sich um einen privaten, um einen sektoralen oder um einen öffentlichen Auftraggeber handelt, sind die entsprechenden Regeln des Vergaberechts anzuwenden. Das Baulogistikkonzept wird in einer Interaktion mit der Objektplanung (vgl. Abschn. 4.2, Abb. 4.2) erarbeitet. Zusammen mit der Leistungsphase 5 Ausführungsplanung gemäß HOAI des Objektplaners wird damit ein Baustein gebildet, welcher zur eindeutigen und erschöpfenden Leistungsbeschreibung der zu erbringenden Bauleistung beiträgt.

6.2 Umsetzung und Inhalt des Baulogistikkonzepts

Für die Praxis wird die Anfertigung des Baulogistikkonzepts in drei Phasen empfohlen.

© Springer Fachmedien Wiesbaden GmbH, ein Teil von Springer Nature 2018
F. Ruhl et al., *Baulogistikplanung*, essentials,
https://doi.org/10.1007/978-3-658-23232-0_6

Grundlagenermittlung

In Anlehnung an das in Ziffer 5.4 dargelegte Leistungsbild sind die in der baulogistischen Grundlagenermittlung aus dem Baulogistikbericht resultierenden Leistungen zu analysieren und zu klären. Das Abwicklungskonzept sowie die hierfür notwendige Organisation sind zu definieren. Eine Mitwirkung bei der Erarbeitung des projektbezogenen Rahmenterminplans ist erforderlich, da die Beschaffungsprozesse für die baulogistischen Planungsleistungen zu initiieren und die Integration vorzunehmen sind.

Vorplanung und Entwurfsplanung

In Anlehnung an das empfohlene Leistungsbild des AHO Heft Nr. 25 werden in der Vorplanung unter anderem Bewertungen hinsichtlich der Zielerreichung durchgeführt.

Hieraus können erste Maßnahmen zur baulogistischen Vorbereitung der Produktionsprozesse abgeleitet und Visualisierungen der zeitlichen Entwicklung des Baustellenareals erstellt werden. Es ist zu fordern, dass die Baulogistik als einer der Schlüsselerfolgsfaktoren nicht ausschließlich bei Großbaustellen, sondern auch bei kleinen Baumaßnahmen betrieben wird. Eines der dokumentierten Ergebnisse dieser Planungsphase ist eine erste Fassung des *Baustellenordnungsplans,* welcher als Übersichtsplan die relevanten Daten und Informationen über das Baustellenareal beinhaltet. Der Baustellenordnungsplan stellt neben dem Baulogistikhandbuch (vgl. Kap. 7) eine der Grundlagen für die Ausschreibung und die Vergabe von Bauleistungen dar (Rösel und Busch 2017).

Genehmigungsplanung

In Abhängigkeit von der Ausprägung der Baulogistikattribute eines Bauprojektes werden unter Umständen Angaben, Konzepte oder Vereinbarungen mit Behörden respektive Anliegern für die Erteilung einer Baugenehmigung erforderlich. In Bezug auf die Baulogistik sind diese Anforderungen sowohl in der Musterbauordnung (MBO) als auch in den Landesbauordnungen nicht detailliert formuliert. Bis auf den Baulärm sind keine Hinweise bezogen auf die Baulogistikattribute festzustellen. Es versteht sich von selbst, dass die Belange des Katastrophenschutzes absoluten Vorrang haben. Ferner ist festzustellen, dass im Rahmen von Genehmigungsprozessen gegenwärtiger Baumaßnahmen in der Regel Leistungsverluste für den Individualverkehr in innerstädtischen Bereichen in Kauf genommen werden (Schöttler 2013).

Das Baulogistikkonzept ist für alle Projektbeteiligten verbindlich. Im Ergebnis werden baulogistische Handlungsempfehlungen erarbeitet, die notwendigen Organisationsstrukturen für die Bewältigung der baulogistischen Aufgaben festgelegt sowie die erforderlichen Infrastrukturelemente definiert. In Abb. 6.1 ist das beispielhafte Ergebnis einer Grundstruktur für ein Baulogistikkonzept des Ausbaus eines Universitätsklinikums, in welchem Betriebsverkehr, Individualverkehr, Parken und Baustellenverkehr komplex überlagert werden, dargestellt.

Das Baulogistikkonzept kann als Dokument in einen Grundlagenteil und in einen Teil mit Handlungsempfehlungen gegliedert werden. Der Grundlagenteil dokumentiert die Grunddaten in Analogie zum Baulogistikbericht und erweitert diese um Analysen der Betriebsprozesse, des Verkehrsflusses und der zu erwartenden Bauprozesse sowie deren Interaktionen im Projektraum. Die Handlungsempfehlungen können grundlegend das Vertragswesen erfassen ebenso wie sehr konkrete baulogistische Elemente des Projektraums definieren.

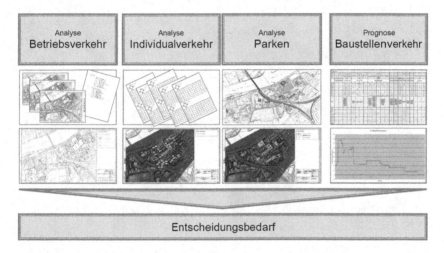

Abb. 6.1   Grundstruktur für das Baulogistikattribut Transport am Beispiel. (Ruhl et al. 2015)

Baulogistikhandbuch 7

7.1 Einführung in das Baulogistikhandbuch

Das Baulogistikhandbuch ist Vertragsbestandteil für die Bauprojektbeteiligten. Bauherren, Planer, ausführende Unternehmen einschließlich der Nachunternehmen, Lieferanten, Dienstleister und weitere Projektbeteiligte haben die Regeln des Baulogistikhandbuchs mit allen damit verbundenen Rechten und Pflichten zu befolgen. Damit bildet das Baulogistikhandbuch das Regelwerk für die Realisierung des Baulogistikkonzepts in der Ausführungsphase und systematisiert die Zusammenarbeit bezüglich baulogistischer Prozesse. Die Baulogistikprozesse werden präzise definiert und den jeweiligen Prozessverantwortlichen zugewiesen. Bezogen auf das Baustellenareal besteht die Zielsetzung unter anderem in einer sicheren, koordinierten und gesteuerten Nutzung der Baustelleneinrichtung sowie der Baustelleninfrastruktur durch unterschiedliche Unternehmen zur Harmonisierung deren Unternehmensziele mit den Bauprojektzielen.

Das Baulogistikhandbuch bildet gleichzeitig einen Teil der Leistungsbeschreibung für gegebenenfalls mit den Baulogistikleistungen zu beauftragende externe Baulogistikdienstleister oder eine verantwortliche interne Unternehmenseinheit. Zu beachten sind die Unternehmereinsatzformen. Es ist davon auszugehen, dass das Interesse der Bauherren darin besteht, die Baulogistik in einer sach- und fachgerechten Logik und Struktur im Bauprojekt zu realisieren. Bei den Unternehmereinsatzformen Totalunternehmer, Totalübernehmer oder Generalunternehmer kann davon ausgegangen werden, dass eine gesamtheitliche Baulogistikorganisation in den Unternehmens- und Projektzielen über die gesamte Projektlaufzeit verankert ist. Im System der Einzelvergaben wird diese Annahme in der Regel nicht immer zutreffen, denn in diesem Fall wird jedes Unternehmen das eigene Leistungsspektrum und die hierfür notwendige Baulogistik verfolgen wollen, ohne Rücksicht auf die anderen Bauprojektbeteiligten zu nehmen.

7.2 Umsetzung und Inhalt des Baulogistikhandbuchs

Inhalt und Aufbau des Baulogistikhandbuchs resultieren aus der Struktur des Baulogistikkonzepts. Das Baulogistikhandbuch präzisiert und dokumentiert die Ausprägung der Baulogistikattribute sowie die Umstände des Bauprojektes, sodass die Bieterseite die daraus resultierenden Einflüsse in ihrer Kalkulation, Preisbildung, Arbeitsvorbereitung und Disposition der Baustellenressourcen berücksichtigen kann. Nachfolgend werden ausgewählte Strukturelemente des Baulogistikhandbuchs dargelegt.

Organisation und Verantwortlichkeiten
Es gilt, die Basisrelationen zwischen den Bauaufsichtsbehörden, den Bauherren, den ausführenden Unternehmen einschließlich der Nachunternehmen, den Lieferanten und den gegebenenfalls eingesetzten Baulogistikdienstleistern zu regeln. Die baulogistischen Prozesse sind zu definieren und den jeweiligen Prozessverantwortlichen zuzuordnen. Bei Entscheidungsprozessen sind die Entscheidungsträger sowie die Entscheidungsfristen zu definieren. Für den Fall, dass Baulogistikdienstleister als Erfüllungsgehilfen der Bauherren eingesetzt werden, organisieren, kontrollieren und steuern diese die grundsätzliche Anwendung sowie die operative Umsetzung des Baulogistikhandbuchs.

Leistungs- und Ressourcenabgrenzung
Eine präzise Abgrenzung von Leistungen und Ressourcen, welche, bezogen auf die Baulogistik, bauseits zur Verfügung gestellt werden respektive erbracht werden und solchen, welche unternehmerseitig zu leisten sind, ist erforderlich. Konkretes Beispiel dafür ist die Medienversorgung auf der Baustelle.

Controlling des Baulogistikhandbuchs und Sanktionen
Die Einhaltung der Umsetzungsregeln des Baulogistikhandbuchs durch die Ausführenden sollte von einer für die Organisation, Kontrolle und Steuerung verantwortlichen Bauprojekteinheit gewährleistet werden. Zu beachten ist dabei, dass gegebenenfalls die mit der Erbringung der Bauleistung beauftragten Unternehmen ihrerseits Nachunternehmen und Lieferanten einsetzen, die dem System der Baulogistik eine zusätzliche Komplexität zuführen. Diese sind in das geltende

System des Baulogistikhandbuchs mit zu integrieren. Verstöße gegen die Regeln des Baulogistikhandbuchs sind mithilfe eines Sanktionskatalogs zu ahnden.

Sanktionskatalog
Der Sanktionskatalog beschreibt Kategorien von Verstößen gegen das Baulogistikhandbuch und definiert die Maßnahmen respektive die Höhe der Bußgelder. Für den Fall von Mehrfachverstößen sind adäquate Eskalationsstufen einzurichten (bis hin zum Hausverbot).

Notfälle
Im und um das Projektgebiet ist unter Umständen mit Notfallsituationen zu rechnen. Hieraus hervorgehende Umstände sind durch die Bauprojektbeteiligten zu berücksichtigen, insbesondere die Vorrangigkeit von Notfallfahrten. Die Transporte haben entsprechend umsichtig zu erfolgen, und jeglicher Anweisung der Prozessverantwortlichen ist unverzüglich nachzukommen.

Koordination
Baulogistische Regeln für den Fall von Interessenskollisionen gleichzeitig tätiger Unternehmen sind aufzustellen. Eine Basisregel ist die Kooperationspflicht. Unternehmen haben mit gegenseitiger Rücksichtnahme und in enger Abstimmung mit der koordinierenden Baulogistikeinheit zu arbeiten.

Gliederung des Gesamtablaufs in Bauphasen
Ein Bauprojekt ist ein zeitvariantes Gebilde. Bezogen auf die Baulogistik ist daher erforderlich, die signifikanten Phasenveränderungen bezogen auf den Einsatz und das Zusammenwirken von Ressourcen, Bauverfahren sowie Projektraumumgebung zu erfassen und zu dokumentieren. Es geht um das Begreifen von baulichen Voraussetzungen und von Bauzuständen.

Baustelleneinrichtungsplanung/Bauordnungsplanung/Flächenmanagement
Die präzise Planung der Einrichtungselemente einer Baustelle in Raum und Zeit ist Basisvoraussetzung für die Realisierung eines Baulogistikkonzepts in einem Projektraum. Neben der Strukturierung der Ver- und Entsorgungsströme erfolgt eine Abgrenzung zwischen Baustelle und vorhandener Infrastruktur. Damit soll unter anderem verhindert werden, dass benachbarte Verkehrssysteme durch den Baustellenverkehr negativ beeinflusst werden.

Avisierung, Liefer- und Transportzeiten
Für diskutierte Bauvorhaben werden gegenwärtig webbasierte Anmeldeportale eingerichtet. Mit deren Hilfe können die baulogistischen Ressourcen mit einer festgelegten Vorlauffrist gebucht werden. Die Zu- und Abfahrten ins Projektgebiet werden geregelt und dokumentiert.

Regelungen zur Durchführung der Transporte
Es sollen Elemente wie Anfahrt zum Projektgebiet, Einfahrt und Ausfahrt in und aus dem Projektgebiet einschließlich der Anmelde- und Abmeldeprozeduren, Fahrtroute im Baufeld mit Standplätzen geregelt werden.

Verkehrssicherung
Es ist festzulegen, welche Bauprojektbeteiligten für welchen Bereich der Verkehrssicherung der Baustelle verantwortlich sind.

Verkehrsregelungen
In der Regel wird die Straßenverkehrsordnung in Verbindung mit individuellen Maßnahmen der Baustelle zur Anwendung kommen.

Zugangsregelungen
Ein Zutritt in das Projektgebiet ist für Beschäftigte auf der Baustelle mit Besitz einer gültigen Zutrittsgenehmigung respektive für weitere Berechtigte gegeben. Besucher sind adäquat einzuweisen und zu registrieren.

Baustellenabfall/Reststoffe
In Abschn. 5.3 wurden die Relevanz sowie die Merkmale des Baulogistikattributs *Abfallbewirtschaftung* mit der Strategie der Vermeidung und der Verwertung von Bauabfällen dargelegt.

Parken
Die örtlichen Gegebenheiten sind bezüglich der Parkmöglichkeiten durch das Baustellenpersonal, die Besucher sowie Lieferanten zu analysieren. Im Falle von Engpässen sind Parkraumalternativen zu untersuchen.

Baulogistikrealisierung und Baulogistikcontrolling

8

Eine sach- und fachgerecht organisierte Baulogistik soll gewährleisten, dass die Beschaffungs-, Baustellen-, Entsorgungs- und Informationslogistik einen transparenten, effektiven und effizienten Transfer von den prozessnotwendigen Größen erzielt. Dieses bezieht sich im Schwerpunkt auf den Projektraum der Baustelle. Auf der Baustelle liegt das Zentrum der Aktivitäten und die dort ausgeführten Prozesse sollen stabil, sicher, umweltschonend und plangerecht realisiert werden. Die Projektraumumgebung soll in ihren üblichen Abläufen nicht oder nur in abgestimmter Weise beeinträchtigt werden. Das Ergebnis der Analyse der Komplexität der Baulogistik eines Bauprojektes führt zu unterschiedlichen Organisationsformen der baulogistischen Leistungen, die in Abb. 8.1 dargestellt sind.

Bei geringer baulogistischer Komplexität, welche beispielsweise im Wohnungsbau bei kleinen Wohneinheiten zu erwarten ist, übernimmt die Objektplanung die Überlegungen bezüglich der baulogistischen Anforderungen in die Baubeschreibung. Die Auswirkungen auf die Preisbildung und auf die Terminsituation werden eher untergeordneter Natur sein.

In Abgrenzung dazu wird bei durchgängig hoher bis sehr hoher Komplexität die Einrichtung einer Baulogistikplanungsinstanz empfohlen. Dabei kann es sich um Abteilungen der Bauherrenorganisation oder um externe Unternehmen handeln. Die Baulogistikplanungsinstanz wird in Abstimmung mit den Bauherren die Baulogistikleistungen in der Weise beschreiben, dass eine präzise Zuordnung zu den Leistungserbringern mit den adäquaten Vergütungsregeln erfolgen kann. Für die Überwachung und Steuerung der Realisierungsphase sollte ein adäquates Baulogistikcontrolling eingerichtet werden.

Die Entwicklung der Bedeutung der Baulogistikdienstleistungen kann daran abgelesen werden, dass eine zunehmende Zahl von Unternehmensgründungen

© Springer Fachmedien Wiesbaden GmbH, ein Teil von Springer Nature 2018
F. Ruhl et al., *Baulogistikplanung*, essentials,
https://doi.org/10.1007/978-3-658-23232-0_8

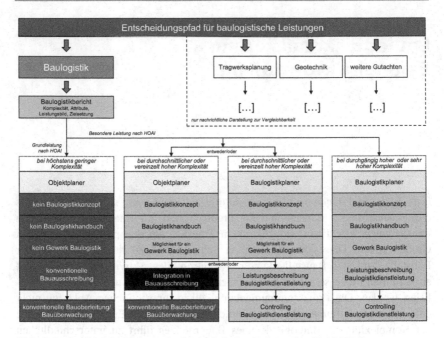

Abb. 8.1 Organisationsformen der baulogistischen Leistungen. (Ruhl 2016)

in diesem Bereich zu verzeichnen ist. Diese bündeln die Baulogistikdienst-leistungen in einer spezialisierten Unternehmenseinheit. Das gegenwärtig ables-bare Leistungsspektrum umfasst die Erstellung einer Baustellenordnung durch Verkehrs- und Logistikflächenplanung über die gesamte Bauzeit im Rahmen der Baustelleneinrichtungsplanung, die Versorgungslogistik einschließlich der Erschließung mit den notwendigen Medien, die Entsorgungslogistik einschließ-lich der notwendigen Betriebsmittel, die Zugangskontrolle sowie die Sicherheits- und Gesundheitsschutzkoordination.

Im nachfolgenden Kap. 9 wird ein Praxisbeispiel zur Umsetzung der Bau-logistik an einem Bauprojekt in einer komplexen urbanen Situation dargelegt.

Praxisbeispiel

9

9.1 Randbedingungen

Eine städtische Entwicklungsgesellschaft steht vor der Aufgabenstellung, im Innenstadtbereich einer Großstadt im Rhein-Main-Gebiet ein Areal mit einer Fläche von rund 10.000 m² gemäß politischem Beschluss umzusetzen. Realisiert werden soll auf dem Areal ein geschlossenes Gebiet mit kleinteiligen Wohn- und Geschäftseinheiten mit bis zu fünf Geschossen (vgl. Abb. 9.1). Weitere Randbedingungen:

- Baukosten ca. 150 Mio. € (Basis: Kostenschätzung),
- Bauzeit 32 Monate (Basis: Vorplanung),
- Areal dreiseitig durch Bestandsbebauung und Fußgängerzonen umschlossen und nicht nutzbar im Sinn der Baustelle,
- im Norden eine Straße mit oberleitungsgebundenem Straßenbahnverkehr,
- Einzelvergabe der Planung an etwa 20 Objektplaner gemäß politischem Beschluss zur Wahrung des Charakters des Areals,
- ein übergeordnet fungierender Planer für die Zusammenführung der Einzelplanungen,
- im Zuge der Vorleistungen bereits zwei Untergeschosse fertiggestellt,
- angrenzende Flächen stehen für die Baustelleneinrichtung nicht zur Verfügung.

© Springer Fachmedien Wiesbaden GmbH, ein Teil von Springer Nature 2018
F. Ruhl et al., *Baulogistikplanung*, essentials,
https://doi.org/10.1007/978-3-658-23232-0_9

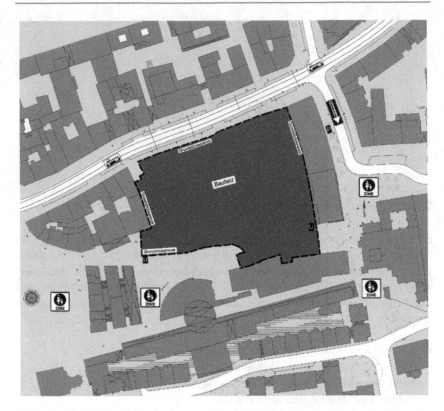

Abb. 9.1 Vereinfachte Darstellung der örtlichen Randbedingungen. (Eigene Darstellung)

9.2   Auswirkungen der Randbedingungen

Die Auswirkungen der Randbedingungen auf die Planungsprozesse des Bauprojektes
lassen sich wie folgt zusammenfassen:

- Die etwa 20 beauftragten Objektplaner konzentrierten sich auf die Erfüllung
  der werkvertragskonformen Planung ihrer Objekte.
- Die Abstimmung der einzelnen Objektplaner unter der Führung des übergeordnet fungierenden Planers fokussierte sich in den frühen Projektphasen
  insbesondere auf die Genehmigungsfähigkeit des Gesamtobjektes.

- Die Schnittstellen zwischen den Objektplanungen und zwischen den Planungen der TGA wurden mit dem Ziel eines funktionierenden Endzustands ordnungsgemäß abgestimmt. Dabei spielten Planungsbereiche wie abgestimmte Gestaltung, Funktion, Brandschutz und Fassadentechnik eine bestimmende Rolle.
- Kostenplanung und Terminplanung wurden gemäß den HOAI-Leistungsphasen und den einschlägigen Erfahrungen realisiert.
- Die Belange der Baulogistik, insbesondere die Problematik der gegenseitigen Behinderungen in der Bauphase, wurden von der übergeordnet fungierenden Planungsinstanz in den Koordinierungsrunden angesprochen, konnten jedoch wegen des Termindrucks sowie der konkurrierenden Interessen der Bauprojektbeteiligten zunächst nicht gelöst werden.
- Der Bauherr hat von Beginn an die Komplexität der Aufrechterhaltung der allgemeinen Ordnung auf der Baustelle und des Zusammenwirkens der verschiedenen Unternehmer erkannt und adäquate Maßnahmen, mit dem Ziel eines Interessensausgleichs zwischen den etwa 20 Einzelprojekten sowie einer geordneten sowie homogenen Gesamtabwicklung herbeizuführen, eingeleitet. Von ihm wurde definiert, welche Leistungsbereiche fachplanerisch zu betrachten sind. Ferner wurde ein Budget eingeplant sowie eine geeignete Fachinstanz beauftragt. Bezogen auf die baulogistische Komplexität wurde die Methodik des Entscheidungsnetzes der Baulogistik (vgl. Abschn. 5.2) gewählt und mithilfe eines externen Beraters umgesetzt.

9.3   Grundlagenermittlung – der Baulogistikbericht

Der Baulogistikbericht bildet durch die transparente Definition der baulogistischen Einflussgrößen und die übergeordnete Zielsetzung zur Realisierung des Bauprojektes ein entscheidungsrelevantes Dokument.

Die ersten Schritte der Implementierung der Baulogistik in den laufenden Planungsprozess beginnen mit der Definition der Baulogistikattribute sowie mit der Benennung möglicher Lösungsvarianten und Ausführungsregelungen.

Im vorliegenden Fall wurde durch die Fragestellung *Was kann nicht in Anspruch genommen werden?* offensichtlich, welch begrenzte Ressourcen der Baustelle in Bezug auf die Baulogistik zur Verfügung stehen (vgl. Abb. 9.2). Die dunkel markierten Bereiche stellen die vorhandenen baulogistisch wirksamen Flächen dar. Für die weiß markierten Flächen ergab sich für die Baulogistikplanung die Aufgabenstellung der Erkundung von Möglichkeiten der baulogistischen Aktivierung.

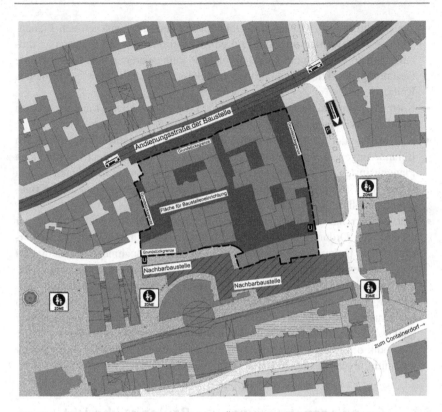

Abb. 9.2 Visualisierung zur Nutzbarkeit der Örtlichkeit. (Eigene Darstellung)

Im Anschluss wurden die Definition und die Bewertung der Komplexität der Baulogistikattribute mithilfe des Entscheidungsnetzes vorgenommen. Zur Anwendung kamen alle Attribute gemäß Abschn. 5.2. Das Ergebnis ist in Abb. 9.3 dargestellt.

Auf der Grundlage des Baulogistikberichts wurde seitens des Bauherren die Entscheidung getroffen, neben der Objektplanung eine gesonderte Baulogistikplanung einzurichten. Hierzu wurde das nachfolgende Leistungsbild im Zusammenhang mit den Baulogistikattributen erstellt, welches für die Ausschreibung und für die Budgetierung verwendet wurde:

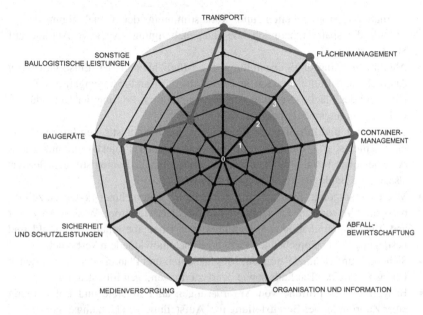

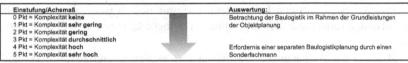

Abb. 9.3 Ergebnis der Bewertung der Komplexität der Baulogistikattribute mithilfe des Entscheidungsnetzes. (Ruhl 2016)

- Transport: Abwägung unterschiedlicher Möglichkeiten zur Organisation, Steuerung und Kontrolle der notwendigen Transportvorgänge von und zur Baustelle. Die Verpflichtung zur Schaffung störungsarmer und anliegerschonender Vorgänge wurde für alle Ausführenden auf Basis der DIN 18299:2016-09 unter Anwendung der in Abb. 9.2 dargestellten Flächen definiert.
- Flächenmanagement: Entwurf eines zentral gesteuerten Flächenmanagements zur Ausnutzung der extrem begrenzten Platzverhältnisse für die Produktionsprozesse (z. B. Kranstandorte, Lagerflächen) unter Beachtung der öffentlichen Ordnung und Sicherheit (Katastrophenschutz).
- Containermanagement: Prognose zur Dimensionierung des Containerdorfs in Abstimmung mit dem Bauherren, der Berufsgenossenschaft, dem Amt für Arbeitsschutz und Sicherheitstechnik sowie der Feuerwehr. Darstellung von

alternativen Möglichkeiten und Vorabstimmung der Genehmigungsfähigkeit für die später einzureichende Baugenehmigung respektive Anträge auf
Sondernutzung.

- Abfallbewirtschaftung: Darstellung der Möglichkeiten der Entsorgung von
  Abbruch- und Baurestmassen in Bezug auf die Randbedingungen des Transports und der Fläche. Nutzung von Synergien durch Prüfung der Bündelungs-
  und Abrechnungsmöglichkeiten.
- Organisation und Information: Einrichtung eines baulogistischen Informations-
  managements und Integration in die vorhandenen Projektkommunikations-
  systeme sowie Installation einer Organisationseinheit (Baulogistikdienstleister)
  als zentrale Baulogistikeinheit auf der Baustelle.
- Medienversorgung: Konzept zur Vermeidung unternehmer- oder einzelfall-
  bezogener Versorgungseinrichtungen der Medien wie Strom, Wasser, Abwasser
  und Telekommunikation mit Definition der Übergabestellen je Baufeld und
  Festlegung der entsprechenden Gebühren nach individuellem Verbrauch.
- Sicherheit und Schutzleistungen: Möglichkeiten und Planung der vorgesehenen
  Überwachung des Baufelds sowie der dazu notwendigen Infrastruktur.
- Baugeräte: Überprüfung von Anforderungen an Baugeräte und Entwicklung
  einer Zuordnung der Bereitstellung und Aufstellung von Nutzungsregeln.
- Sonstige baulogistische Leistungen: Überprüfung, ob weitere baulogistische
  Leistungen außerhalb der vorgenannten Baulogistikattribute erforderlich sind.

Im Rahmen der Vorplanungs- und Entwurfsplanungsphase entstanden zwei signi-
fikante und zu koordinierende Planungsprozesse. Zum einen die Durchführung und
die Zusammenführung der etwa 20 Einzelplanungen zu einem gemeinsamen Bauantrag und die Koordination der Ausschreibungen sowie Bauüberwachungsaufgaben.
Zum anderen die Durchführung einer Baulogistikplanung, die in Abstimmung mit
dem übergeordneten Projektplaner die Bereitstellung der baulogistischen Regeln für
die Ausschreibungen und für die spätere Bauausführung zur Aufgabe hatte.

Da bereits mit der Beauftragung der Baulogistikplanung herausgearbeitet
wurde, dass die Kapazitäten und die bereits geschaffene vertragliche Situation
im planenden und steuernden Projektteam nicht dazu ausgereicht hätten, die
Koordination der baulogistischen Prozesse im Vorfeld und ad hoc auf der Bau-
stelle zu leisten, galt es, die vorhandenen Ressourcen durch Verhandlungen sowie
Genehmigungen zu verbessern und das Durchführungsrisiko durch zu schaffende
Regeln zu reduzieren. Dies diente dem Ziel, die grundsätzlichen Problemfelder
von innerstädtischen Baustellen wie reibungslose Transportabwicklung, gezieltes
Flächen- und Containermanagement sowie die Bündelung von Entsorgung,
Medienversorgung sowie Sicherheit und Schutzleistungen in einem möglichst

hohen Maß den etwa 20 Einzelobjekten gebündelt bereitstellen zu können, übergeordnet zu organisieren sowie zu kontrollieren und zu steuern.

9.4 Planungsphase – das Baulogistikkonzept

Die Entwicklung des Baulogistikkonzepts als Fortführung der im Baulogistikbericht aufgeführten Leistungen erfolgte in enger Abstimmung zwischen
den Bauprojektbeteiligten. Es wurden *Baulogistik Jours fixes* eingerichtet, in
deren Rahmen Lösungsvorschläge vorgestellt, gemeinsam diskutiert und in
Abstimmung mit dem Bauherren in der Weise festgelegt wurden, dass sie für die
Objekt- und Fachplanungen eine Verbindlichkeit erlangen konnten. Auf diese
Weise fand die Berücksichtigung der baulogistischen Anforderungen und Vorgaben bereits im Planungsprozess statt. Für die Erarbeitung der Genehmigungs-
unterlagen wurden die bis dato erfolgten Abstimmungen zur Baustellensicherung,
das Lösungskonzept zur Ver- und Entsorgung, die direkten Abstimmungen mit
den Fachstellen wie Feuerwehr, Energieversorger und Ordnungsbehörden sowie
eine externe Containeranlage in den Bauantrag integriert und mit der Objektplanung der Genehmigungsbehörde zur Prüfung und Freigabe vorgelegt. Die
Ergebnisse dieser Planungsprozesse wurden im Baulogistikkonzept dokumentiert.
   Aus Sicht der Baulogistik ist die Aktivierung der beiden im Rohbau bereits
hergestellten und vorhandenen Untergeschosse hervorzuheben. Geplant war ein
Ausbau der beiden Untergeschosse parallel zu den Ausbauarbeiten der Ober-
geschosse. Aufgrund der über die Flächenplanung und durch die Analyse der
Transportwege auf der Baustelle nachgewiesenen Konfliktpotenziale wurde in
Abstimmung mit der Feuerwehr und dem Energieversorger ein vorgezogen end-
ständiger Teilausbau der notwendigen Ausstattungselemente (Beleuchtung,
Löschwasserversorgung, Trafoanlage) vereinbart. Dadurch musste die Reihen-
folge der Planungsprozesse (Objektplanung und Fachplanungen) umgestellt
werden. Durch diese Maßnahmen konnte die auf der Baustelle zur Verfügung ste-
hende Lagerfläche von ca. 1000 m^2 um weitere ca. 6000 m^2 erweitert werden.
   Für die Durchführung der Baulogistik wurde vom Baulogistikplaner vorgeschlagen, einen Baulogistikdienstleister mit der übergeordneten Steuerung und
Kontrolle der baulogistischen Prozesse zu beauftragen. Dieses Konzept wurde
aufgestellt, um die Interessen des Rohbau-Generalunternehmers mit den Interessen der klein- und mittelständisch organisierten Handwerksbetriebe und deren
Zulieferer für den Ausbau und die TGA in Einklang zu bringen respektive den
Materialfluss so zu trennen.

Als besondere Lösung wurde umgesetzt, dass die Hochbaukrane durch den Baulogistikdienstleister bereits vor Beginn der Leistung des Rohbau-Generalunternehmers aufgebaut und betrieben wurden (Unterstützungsleistung bei vorgezogenen Teilmaßnahmen und Hilfestellung für die Nachbarbaustelle). Die Krankapazität wurde vertraglich über zeitlich festgelegte Benutzungsregeln gesteuert, die eine adäquate Kranauslastung über die gesamte tägliche Arbeitszeit garantierten.

9.5   Regelwerk – das Baulogistikhandbuch

Für das Bauprojekt wurden getrennte Baulogistikhandbücher für die erweiterten Rohbauarbeiten und für die Ausbaugewerke erarbeitet. Die Baulogistikhandbücher bildeten Elemente der Ausschreibungsunterlagen sowie der darauf gründenden Bauverträge.

Nachfolgend werden die Baulogistikattribute in Bezug auf ihre Merkmale im vorliegenden Praxisprojekt dargelegt.

Transport
Bezüglich des Baulogistikattributs Transport wurden folgende Regeln aufgestellt:

- Festlegung allgemeiner Transportrandbedingungen.
- Vorgabe der Anfahrtsrouten.
- Vorlaufende Anmeldung von Transporten in einem bereitgestellten Avisierungsprogramm für die Baustelle.
- Definition von Anlieferungsvarianten getrennt nach Regelanlieferungen, Personal-/Kleinstanlieferungen und Sonderanlieferungen mit jeweils spezifischen Vorgaben wie z. B. der Qualitäts- und Geometrievorgaben an die Verpackung der Waren.
- Basisregelung des Materialflusses auf der Baustelle mit Merkmalen und Zuständigkeiten nach Abb. 9.4.
- Identifizierung von Risikobereichen. Dabei stellte sich der erforderlich hohe Materialumschlag an der Andienungsstraße, das Verbringen von Baumaterial aus den Sperrzonen (Feuerwehrflächen) und von den Verkehrswegen als wesentlich heraus. Zur Handhabung wurde das in Abb. 9.5 dargestellte Konzept der Materialbelieferung aus der Betrachtung des Materialflusses entwickelt und umgesetzt. Wegen der begrenzten Krankapazität wurde die Inanspruchnahme dieser bei Entladevorgängen mit einer Gebühr belegt.

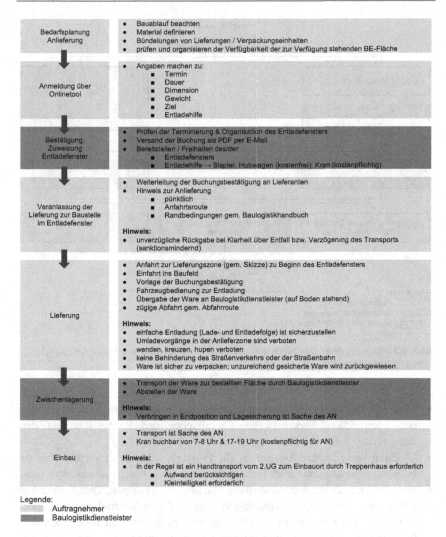

Abb. 9.4 Basisablauf des Materialflusses auf der Baustelle: Merkmale und Zuständigkeiten. (Eigene Darstellung)

Flächen

Durch die Aktivierung der Flächen in den Untergeschossen (zusätzlich 6000 m² Baustelleneinrichtungsfläche) musste im Zusammenwirken mit den Flächen auf dem Baugelände ein integriertes Flächenmanagement umgesetzt werden. Folgende wesentliche Maßnahmen wurden umgesetzt:

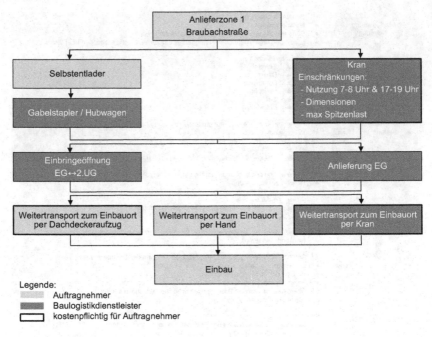

Abb. 9.5 Basisregelung des Materialflusses auf der Baustelle: Merkmale und Zuständigkeiten. (Eigene Darstellung)

- Exakte Definition und Abstimmung mit den Behörden bezüglich der Feuerwehr- und Sperrflächen, Verkehrswege, Lagerflächen und Baubereiche auf dem Baugelände.
- Meldung von Einschränkungen an alle Projektbeteiligten im Vorfeld über das Informationsmanagement als Präventionsmaßnahme von Bauablaufstörungen.
- Verknüpfung der Baulogistikattribute Flächen und Transport. Durch diese Verknüpfung wurde sichergestellt, dass die angelieferten Materialien geometrisch und massenbezogen auf der Baustelle unverzüglich verbracht werden konnten. Provisorische Transportlösungen wurden damit vermieden.

Containermanagement

Mithilfe einer Ressourcenplanung als Prognose der Verteilung der Anzahl der Arbeitskräfte über die Bauzeit wurde die erforderliche Anzahl von Containern und Arbeitsplätzen vor Baubeginn identifiziert. Mit diesen Angaben konnten verschiedene Bereitstellungsszenarien vom Bauherren geprüft werden. Gleichzeitig war eine Abstimmung über den externen Flächenbedarf mit der Genehmigungsbehörde möglich.

Abfallbewirtschaftung

Eine Kennzahlenermittlung bildete die Basis für die Bestimmung des Baurestmassenstroms sowie des Rückbauentsorgungsmassenstroms und ermöglichte eine Variantendiskussion. Insbesondere durch die vorgesehenen Einzelvergaben an die Ausbaugewerke und an die Gewerke der TGA wurden Bündelungsmöglichkeiten untersucht und ein Konzept erarbeitet, welches sich unter Beachtung der Randbedingungen aus den Baulogistikattributen Transport und Fläche in das Gesamtsystem integriert.

Organisation und Information

Passend zu den Randbedingungen und den notwendigen bauphasenbezogenen Veränderungen auf der Baustelle wurden vorlaufend Informationen in Echtzeit über ein Informationsportal der Baustelle sowie über das installierte Avisierungsprogramm gezielt an die beteiligten Unternehmen distribuiert. Ferner wurde eine Telefonhotline für die Baustelle installiert und beim Baulogistikdienstleister angegliedert, sodass Rückmeldungen einzelner Unternehmen unmittelbar an eine zentrale und übergeordnet agierende Einheit durchgestellt werden konnten.

Medienversorgung

In Abstimmung mit der endständigen Fachplanung wurde ein engmaschiges Mediennetz mit definierten Übergabepunkten über die Baustelle gelegt. Hierbei wurde zwischen dem Rohbau und den Ausbaugewerken unterschieden.

Sicherheit und Schutzleistungen

Besonderer Fokus wurde auf die Sicherheit auf der Baustelle, einschließlich des Arbeits- und Gesundheitsschutzes, sowie auf die Transparenz der Transport-, Material- und Personenströme von und zur Baustelle in Interaktion mit der Baustellenumgebung gelegt. Aufgebaut wurde ein Echtzeit-Meldesystem zur Steuerung und Kontrolle der Baustelle sowie zur Sanktionierung im Fall von Fehlverhalten. Das Echtzeit-Meldesystem wurde durch fortlaufende Kontrollen an den Außengrenzen der Baustelle sowie innerhalb der Baustelle unterstützt. Damit waren jederzeit die aktuellen Sicherheitsbedingungen, die Platzverhältnisse, der Besetzungsgrad der Baustelle und weitere Parameter verfügbar. Das Echtzeit-Meldesystem unterstützte ebenfalls die Kontrolleinsätze des Zolls.

Baugeräte
Im Kern ging es um die Verbesserung der Auslastungsgrade der Bereitstellungs-
geräte, insbesondere der Hochbaukrane, mit Bezug zum Baulogistikattribut
Transporte. Ferner um die Mitnutzung in festgelegten Grenzen der auf der
Baustelle vorhandenen anderen Baugeräte, die mit einer festgelegten Gebühr
belegt war.

Sonstige baulogistische Leistungen
Im vorliegenden Fall wurden keine weiteren Einflussgrößen erfasst.

In der Baustellenpraxis hat sich zudem die Ergänzung des Baulogistikhandbuchs mit gewerkespezifischen Baulogistikbeiblättern bewährt, in denen beispielsweise die präzise Zuordnung von Lagerflächen je Unternehmen verzeichnet
wurde. Hierdurch konnte das allgemeine Regelwerk, bestehend aus dem Baulogistikhandbuch und dem Baustellenordnungsplan respektive den Phasenplänen,
individuell je Vergabeeinheit ergänzt werden.

Durch die Klarstellung der Verfügbarkeit und vorvertragliche Verteilung
der Ressourcen, durch die übergeordnete Koordination einzelner Baulogistikattribute und die Eingliederung der Baulogistikhandbücher in die Verträge wurden die Anforderungen der bauherrenseitigen Pflicht zur Aufrechterhaltung
der allgemeinen Ordnung auf der Baustelle und zur Regelung des Zusammenwirkens der beteiligten Unternehmen gemäß § 4 Abs. 1 VOB/B erfüllt. Auch
die Anforderungen hinsichtlich einer eindeutigen und erschöpfenden Leistungsbeschreibung in Verbindung mit der Angabe aller preisbeeinflussenden Umstände
gemäß § 7 Abs. 1 VOB/A sind damit aus baubetrieblicher Sicht erbracht

9.6   Baulogistikrealisierung – Anmerkungen

Die Einrichtung einer Baulogistikplanung im Rahmen des gesamten Planungs-
prozesses führte zur Würdigung der notwendigen Baulogistikattribute über die
gesamte Bauprojektphase. Das Ergebnis dieser Planung wurde mit dem Baulogistikbericht (Leistungsphase 1) implementiert, im Rahmen des Baulogistikkonzepts (Leistungsphasen 2 bis 4) geplant und mit dem Baulogistikhandbuch
(Leistungsphasen 5 bis 6) eingeführt. Auf Basis dieser Gesamtabwicklung
konnte im Rahmen eines vergaberechtskonformen Wettbewerbs die Baulogistikdienstleistung ausgeschrieben werden. Ein externer Dienstleister übernahm im
direkten Auftrag des Bauherren die Organisation, die Bereitstellung sowie die
Verwaltung von definierten Baulogistikattributen und der vorhandenen Ressourcen. Gleichzeitig war dieser verantwortlich für die Kontrolle und Steuerung der

baulogistischen Prozesse auf der Grundlage des Baulogistikhandbuchs. Gemäß den definierten Prozessen des Materialflusses (vgl. Abb. 9.4 und 9.5) war der Baulogistikdienstleister für die Bereitstellung des Avisierungsprogramms verantwortlich und konnte durch die vorlaufenden Anmeldungen seiner organisatorischen Aufgabenstellung beginnend mit der Bestätigung und Zuweisung von Entladefenstern gerecht werden. Nach Ankunft der Transporte am Baufeld erfolgten die Entladung sowie die Zwischenlagerung adäquat der Prozesskette.

Durch die eindeutige Zuordnung von Verantwortung und dem sach- und fachgerechten Handhaben der baulogistischen Regeln konnten negative Auswirkungen des Baustellenbetriebes auf die Umgebung, z. B. auf den Straßenbahnverkehr, vermieden werden.

Innerhalb des Baustellenareals konnte Verschwendung, so z. B. unproduktive Arbeitsstunden des Baustellenführungspersonals durch Regelung baulogistischer Vorgänge, ebenfalls vermieden respektive reduziert werden. Eine Konzentration des Baustellenführungspersonals je Gewerk auf die Kernprozesse der Leistungserstellung konnte beobachtet werden.

Auf Umstände der sich aus vielfältigen Gründen ergebenden Änderung des Bauablaufs konnten die Unternahmen durch rechtzeitige Angaben und Weisungen des Baulogistikdienstleisters angemessen reagieren, sodass keine negativen Auswirkungen in die verschiedenen Bauverträge ausgestrahlt haben. So sorgte der Baulogistikdienstleister z. B. für die notwendige Ausrüstung der erforderlich gewordenen Winterbaumaßnahmen und zusätzlich die Beräumung und die Reinigung der Verkehrswege von Schnee und Eis.

Durch die gewerkeübergreifende Einhaltung des Regelwerks „Baulogistikhandbuch" war es möglich, die baulogistischen Vorgänge in dem sehr eingeschränkten Baufeld reibungs- und störungsfrei über den Realisierungsprozess abzuwickeln. Die öffentliche Wahrnehmung der Baustelle sowie die negativen Auswirkungen auf die Nachbarschaft wurden signifikant reduziert.

Ausblick 10

Die Technologie und die Methoden der Baulogistik werden durch die fortschreitende Digitalisierung neue Entwicklungen erfahren, welche dazu führen werden, dass eine noch intensivere Integration der baulogistischen Belange in die Planungs- und in die Realisierungsprozesse von Bauprojekten folgen wird. Bereits gegenwärtig sind in der vernetzt-kooperativen Arbeitsmethode Building Information Modeling (BIM) die Möglichkeiten dieser Integration durch die Attribuierung der Objekte mit Daten und Informationen zu baulogistischen Parametern gegeben und werden in den praktischen Modellierungen der Pilotprojekte angewendet. Ergänzt wird diese Entwicklung durch den raschen Fortschritt in der Kommunikations- und Sensortechnik, welche die Erfassbarkeit und Auswertung von Prozessparametern deutlich erweitert hat. Die Anwendungsfelder erstrecken sich von der Bewertung der erbrachten Bauleistungen für die interne Prozesssteuerung eines Bauunternehmens oder eines Baulieferanten (Bauprozessidentifikation) über die prüfbare Rechnungsstellung an den Bauherren und die Leistungsstandmeldung an Kreditinstitute bis hin zur korrekten Erfassung des gegenwärtigen Stands der Bauten für bilanzielle Zwecke einschließlich der Abdeckung der Aspekte des Arbeits- und Gesundheitsschutzes. Die Baulogistik ist mit der Rationalisierung und Sicherheit der Errichtung von Bauwerken untrennbar verbunden.

Neben den Aspekten der technischen Entwicklung ist der Aspekt der internen und externen Kommunikation von höchster Relevanz. Die Allgemeinheit nimmt Baustellen regelmäßig negativ wahr. Dieses resultiert aus fehlenden oder mangelhaften Baulogistikkonzepten respektive aus vernachlässigten Kontroll- und Steuerungsprozessen dieser. Einhergehend damit ist zu erwarten, dass künftige Baugenehmigungsverfahren, insbesondere in den Fällen von Bauarbeiten in komplexen urbanen Räumen, das Element eines projektindividuellen Baulogistikkonzepts verlangen werden.

© Springer Fachmedien Wiesbaden GmbH, ein Teil von Springer Nature 2018
F. Ruhl et al., *Baulogistikplanung,* essentials,
https://doi.org/10.1007/978-3-658-23232-0_10

Die Erschließung des Wissens und die Entwicklung von Maßnahmen der Adaption der Baulogistik in die Konzepte sowohl von Bauherrenorganisationen und von Genehmigungsinstitutionen als auch in die Prozesse der Planenden und der Bauausführenden sind daher aus Gründen der Effizienz, der Effektivität, der Sicherheit, der Qualität und des Umweltschutzes von herausragender Relevanz.

Was Sie aus diesem *essential* mitnehmen können

- Baulogistik ist einer der Erfolgsfaktoren bei der Realisierung von Bauprojekten
- Baulogistik ist bereits in der Bedarfsplanung/Grundlagenermittlung zu würdigen und über die Planungs- und Realisierungsphasen intensiv zu betreiben
- Die Erfordernis und der Umfang der baulogistischen Leistungen sollten auf der Grundlage eines systematischen Entscheidungsprozesses unter Berücksichtigung der baulogistischen Komplexität des Bauprojektes definiert werden
- Es ist zu differenzieren zwischen baulogistisch weniger komplexen Bauprojekten, bei denen die baulogistischen Leistungen im Rahmen der Objektplanung erbracht werden, und baulogistisch komplexen Bauprojekten, bei denen entsprechend qualifizierte Fachplaner und Berater herangezogen werden sollten
- Die Konzepte der erforderlichen baulogistischen Leistungen entwickeln sich über den Baulogistikbericht, das Baulogistikkonzept und das Baulogistikhandbuch
- Zentrales Dokument der Verträge bildet das Baulogistikhandbuch als Ausführungsregelwerk
- Für die Kontrolle und Steuerung ist ein adäquates Baulogistikcontrolling einzurichten

© Springer Fachmedien Wiesbaden GmbH, ein Teil von Springer Nature 2018   49
F. Ruhl et al., *Baulogistikplanung,* essentials,
https://doi.org/10.1007/978-3-658-23232-0

Literatur

Ausschuss der Verbände und Kammern der Ingenieure und Architekten für die Honorarord-
nung e. V. AHO (2011) Leistungen für Baulogistik. Heft Nr. 25. Bundesanzeiger, Berlin
Bauer H (2007) Baubetrieb. Springer, Berlin
Berner F (2011) Die Entwicklung projekt- und fertigungsspezifischer Baulogistikprozesse –
Ein Planungsmodell. In: 2. IBW-Workshop „Simulation von Unikatsprozessen", Universität
Kassel
Boenert I, Blömeke M (2003) Logistikkonzepte im Schlüsselfertigbau zur Erhöhung der
Kostenführerschaft. In: Bauingenieur, Heft 78/2003. Springer, Heidelberg
Bundesministerkonferenz, Musterbauordnung MBO 1.11.2002/13.05.2016.
Fieten R (1999) Logistik und Materialwirtschaft. In: Weber J, Baumgarten H (Hrsg) Hand-
buch Logistik. Schäffer-Poeschel Verlag, Stuttgart
Furmans K (2008) Vorwort zur 3. Auflage. In: Arnold D, Isermann H, Kuhn A, Tempelmeier H,
Furmans K (Hrsg) Handbuch Logistik, 3. Aufl. Springer, Berlin
Gesetz zur Förderung der Kreislaufwirtschaft und Sicherung der umweltverträglichen
Bewirtschaftung von Abfällen (Kreislaufwirtschaftsgesetz – KrWG) 2012/2017
Gesetz über die Durchführung von Maßnahmen des Arbeitsschutzes zur Verbesserung der
Sicherheit und des Gesundheitsschutzes der Beschäftigten bei der Arbeit 1996/2015
Girmscheid G, Etter, S (2012a) Zentrales Logistikmanagement auf innerstädtischen
Baustellen – Strategische Umsetzung. Bauingenieur, Bd 11. Springer VDI, Düsseldorf
Girmscheid G, Etter S (2012b) Zentrales Logistikmanagement auf innerstädtischen
Baustellen – Operative Umsetzung. Bauingenieur, Bd. 11. Springer VDI, Düsseldorf
Girmscheid G, Motzko C (2013) Kalkulation, Preisbildung und Controlling in der Bauwirt-
schaft. Springer, Berlin
Güteschutzverband Betonschalungen Europa e. V. GSV (2017) BIM-Fachmodell Scha-
lungstechnik (Ortbetonbauweise). Ratingen
Goldenberg I (2005) Optimierung von Supply Chain Prozessen in der Bauwirtschaft durch
mobile Technologien und Applikationen. Dissertation, Institut für Baubetrieb, Technische
Universität Darmstadt
Krauß S (2005) Die Baulogistik in der schlüsselfertigen Ausführung. Ein Modell für
die systematische Entwicklung projekt- und fertigungsspezifischer Logistikprozesse.
Bauwerk, Berlin
Motzko C (Hrsg) (2013) Praxis des Bauprozessmanagements. Ernst & Sohn, Berlin

© Springer Fachmedien Wiesbaden GmbH, ein Teil von Springer Nature 2018   51
F. Ruhl et al., *Baulogistikplanung, essentials,*
https://doi.org/10.1007/978-3-658-23232-0

Motzko C, Löhr M, Kochendörfer B (2012) Einordnung der Leistungen Umweltverträglich-keitsstudie, Thermische Bauphysik, Schallschutz und Raumakustik, Bodenmechanik, Erd- und Grundbau sowie Vermessungstechnische Leistungen (ehemals Teile VI, X–XIII der HOAI 1996 – derzeit im unverbindlichen Teil der HOAI 2009) als Planungsleistungen? In: Kapellmann K, Vygen K (Hrsg) Jahrbuch Baurecht 2012. Wolters Kluwer, Köln

Oeser R (2017) Logistik 4.0. Gabler Wirtschaftslexikon Online. Springer Gabler/Springer Fachmedien Wiesbaden GmbH, Wiesbaden

Pfohl H-Chr (2010) Logistiksysteme. Springer, Heidelberg

Rösel W, Busch A (2017) AVA-Handbuch. Ausschreibung – Vergabe – Abrechnung, 9. Aufl. Vieweg+Teubner, Wiesbaden

Ruhl F, Binder F, Motzko C (2015) Baulogistik in Planung, Ausschreibung und Bauausfüh-rung. BauPortal 2(2015):12 ff.

Ruhl F (2016) Entwicklung eines Baulogistikprozessmodells. Dissertation, Institut für Baubetrieb, Technische Universität Darmstadt

Schöttler U (2013) Verkehrliche Aspekte bei der Genehmigung von Baustellen. In: 2. Darmstädter Ingenieurkongress Bau und Umwelt. Technische Universität Darmstadt

Verordnung über die Honorare für Architekten- und Ingenieurleistungen, Honorarordnung für Architekten und Ingenieure HOAI 2013

}essentials{

„Schnelleinstieg für Architekten und Bauingenieure"

Gut vorbereitet in das Gespräch mit Fachingenieuren, Baubehörden und Bauherren! „Schnelleinstieg für Architekten und Bauingenieure" schließt verlässlich Wissenslücken und liefert kompakt das notwendige Handwerkszeug für die tägliche Praxis im Planungsbüro und auf der Baustelle.

Dietmar Goldammer (2015)
Betriebswirtschaftliche Herausforderungen im Planungsbüro
Print: ISBN 978-3-658-12436-6 | eBook: ISBN 978-3-658-12437-3

Christian Raabe (2015)
Denkmalpflege
Print: ISBN 978-3-658-11528-9 | eBook: ISBN 978-3-658-11529-6

Michael Risch (2015)
Arbeitsschutz und Arbeitssicherheit auf Baustellen
Print: ISBN 978-3-658-12263-8 | eBook: ISBN 978-3-658-12264-5

Ulrike Meyer, Anne Wienigk (2016)
Baubegleitender Bodenschutz auf Baustellen
Print: ISBN 978-3-658-13289-7 | eBook: ISBN 978-3-658-13290-3

Rolf Reppert (2016)
Effiziente Terminplanung von Bauprojekten
Print: ISBN 978-3-658-13489-1 | eBook: ISBN 978-3-658-13490-7

Florian Schrammel, Ernst Wilhelm (2016)
Rechtliche Aspekte im Building Information Modeling (BIM)
Print: ISBN 978-3-658-15705-0 | eBook: ISBN 978-3-658-15706-7

Andreas Schmidt (2016)
Abrechnung und Bezahlung von Bauleistungen
Print: ISBN 978-3-658-15703-6 | eBook: ISBN 978-3-658-15704-3

Felix Reeh (2016)
Mängel am Bau erkennen
Print: ISBN 978-3-658-16188-0 | eBook: ISBN 978-3-658-16189-7

Mehr Titel dieser Reihe finden Sie auf der Folgeseite.

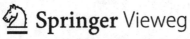

Printed in the United States
By Bookmasters